LES VENTILATEURS DES MINES

PAR

M. Albert GENDEBIEN,

INGÉNIEUR HONORAIRE DES MINES.

BRUXELLES

F. HAYEZ, IMPRIMEUR DE L'ACADÉMIE ROYALE DE BELGIQUE

Rue de Louvain, 108.

1882

LES
VENTILATEURS

DES
MINES

PAR

M. Albert GENDEBIEN,

INGÉNIEUR HONORAIRE DES MINES.

BRUXELLES

F. HAYEZ, IMPRIMEUR DE L'ACADÉMIE ROYALE DE BELGIQUE

Rue de Louvain, 108.

—

1882

INTRODUCTION.

Dès 1837, je descendais dans les mines; j'ai vu des progrès de toute espèce se réaliser dans toutes les branches de l'activité industrielle des mines; qu'il me soit permis de classer mes souvenirs, il en ressortira peut-être un bon enseignement. Je ne m'attacherai qu'aux faits qui se sont passés dans le pays de Charleroi et qui sont relatifs à l'aérage des mines.

En 1837, on considérait que, pour la plupart des mines, une extraction journalière de 80 tonnes était le but à atteindre. Les sièges d'extraction comportaient une cheminée d'aérage; parfois, on employait la feuaire. *On conduisait l'air avec soi;* terme consacré pour expliquer tout le système de ventilation; par-ci par-là, on entendait parler du grisou, de conflagrations, coups de feu et catastrophes, il n'y en avait pas! et bien des directeurs souhaitaient en secret une petite inflammation, qui, à cette époque, était le meilleur certificat que le charbon qu'ils extrayaient n'était pas véritablement maigre. Aussi ne sera-t-on pas étonné d'apprendre que lorsque les mineurs ne fumaient pas ostensiblement dans les travaux, ils fumaient en cachette. Cette situation caractérise la première phase de l'industrie, c'est une première étape qu'elle avait à parcourir : elle préoccupa l'Administration des mines. Je vais céder la parole à une voix plus autorisée que la mienne, celle d'Eugène Bidaut qui publia, en 1845, sous le titre : *Études minérales*, un véritable traité d'exploitation des mines; on y lit, page 103 :

« L'Administration a eu de grands efforts à faire et » de vives luttes à soutenir pour démontrer les vices et » les dangers de la méthode employée, et la supériorité » d'un autre procédé d'aérage usité dans certaines » mines de la province de Liège et que l'on pourrait » presque définir en le nommant *procédé par ascen-* » *sion et par division* » (à Charleroi, cela s'appelait Système Gonot ; Gonot exposa son système, en 1840, dans un mémoire à l'Académie). « Dans toutes les » mines à grisou, une ou deux exceptées, on a cessé de » faire usage des foyers dits toc-feux et feux de monas- » tère. Dans celles où cette suppression avait eu pour » effet de ralentir l'activité de la circulation de l'air, » on les a remplacés par des machines pneumatiques » de diverses espèces...

» Je me bornerai donc à dire que, pendant l'été » surtout, la ventilation artificielle produite par la » plupart des diverses espèces de vis, employées comme » machines pneumatiques, est extrêmement sensible et » produit de très bons résultats, mais qu'il me semble » que, pour aérer en toutes circonstances des mines » très étendues, il est nécessaire de recourir à des » machines plus puissantes que celles qui sont généra- » lement employées à mouvoir les vis pneumatiques. »

Cette situation, si bien définie par Eugène Bidaut, caractérise les conditions de la deuxième phase dans laquelle on se trouvait. Elle était encore telle vers 1849 ; à cette époque, je fus appelé à la direction d'un charbonnage où le grisou était devenu la préoccupation constante. — Il y avait comme engin d'aérage une vis

Motte, mue par une machine de 4 à 5 chevaux-vapeur, la dépression atteignait tout au plus $0^m,02$ d'eau, le courant d'air était ascensionnel, les puits et galeries étaient, pour l'époque, de dimensions très convenables, l'extraction atteignait presque toujours 100 tonnes et l'on désirait arriver à 200 tonnes. Aussi l'administration du charbonnage n'hésita-t-elle pas à placer un ventilateur Fabry et à installer une machine spéciale de la force d'environ 15 chevaux : on entrait donc dans une phase nouvelle. L'appareil Fabry eut un grand succès, partout l'extraction atteignit au moins 200 tonnes; mais, les profondeurs devinrent plus grandes, les parcours plus étendus; aussi, à peine cet appareil fut-il installé dans une mine que des aspirations toujours grandissantes, des besoins nouveaux, des conditions nouvelles, vinrent s'imposer. C'est à ce moment qu'apparut le ventilateur Guibal. Construit d'abord avec $3^m,50$ de rayon et $1^m,70$ de largeur, il fut porté à $4^m,50$, sous des largeurs de 2 mètres, $2^m,50$ et 3 mètres. On entrait dans une nouvelle phase de l'exploitation.

En somme, du calorique de la pipe du houilleur, qui jouait un certain rôle dans l'activité de l'aérage, on arrivait successivement à l'emploi des cheminées, feuaires, foyers français, machines de 4 chevaux, 15 chevaux, 40 chevaux, pour ne s'arrêter qu'aux chiffres de 60 à 80 chevaux. Les extractions, parties de chiffres insignifiants, ont monté toute l'échelle numérique pour atteindre quelquefois celui de 1,000 tonnes. Les profondeurs, parties de 100 mètres, atteignirent le chiffre de 1,000 mètres (ou peu s'en faut), les parcours qui n'étaient guère que de 300 à 400 mètres en costresses sont arrivés parfois à plus de 2,000 mètres. *Constatons donc qu'à toutes les époques, les besoins grandissent, se modifient et dépassent la puissance des engins d'aérage qui les ont provoqués.* Serait-ce pour cette raison qu'à défaut d'appareils plus puissants ou plus prévoyants que ceux dont M. Guibal est l'auteur, des catastrophes viennent trop souvent avertir qu'un état anormal s'est produit et qu'une étape nouvelle est à franchir. « Si, comme » l'a dit M. Devillez, les améliorations à apporter aux » ventilateurs sont indépendantes de la conception » primitive de l'appareil (Guibal) qui est, dès aujour- » d'hui, et restera parfaite, » faudra-t-il que les populations des mines s'exposent fatalement à d'horribles catastrophes ou qu'elles se décident à abandonner tout au moins partiellement les moyens d'existence que l'exploitation du charbon leur procure ?

On objectera sans doute que les choses ne sont pas arrivées à une situation aussi sinistre, que tous les accidents n'arrivent pas dans les mines les plus profondes et les plus développées, que tous les accidents sont appréciés, qu'ils sont des cas tout particuliers ou fortuits. Qu'ici il y a eu une recoupe de veine qui a lancé le charbon à plus de 20 mètres de distance dans le bouveau en inondant les travaux de grisou ; que là, c'est un soufflard, dont il était impossible de soupçonner l'existence; que sais-je? un ouvrier imprudent, un boute-feu maladroit, une combustion spontanée de matières charbonneuses, si ténues qu'on ne peut leur attribuer un état solide ou gazeux. Enfin, on objectera un tas de choses et autres, toutes raisons, bonnes ou mauvaises, peuvent satisfaire celui qui ne demande pas mieux que d'être convaincu; *mais la vérité indéniable, c'est que depuis les innocentes inflammations de grisou, on est arrivé graduellement à d'horribles catastrophes.*

La vérité, pour moi, est qu'on atteint une nouvelle phase dans l'exploitation et que les moyens d'action de l'aérage n'ont pas grandi dans le même rapport que les besoins, et ne répondent pas à des nécessités qui, jusqu'à présent, ne s'étaient pas produites. Est-il vrai qu'on est acculé à l'impuissance lorsqu'une catastrophe est imminente? Est-il vrai que le ventilateur est arrivé à la dernière limite de la perfection? Ou devons-nous révoquer en doute tout ce qui a été écrit sur ce sujet, parce que toutes les conceptions humaines sont perfectibles ?

Chaque fois qu'une invention utile s'est produite, les exploitants se sont empressés de l'adopter, et même de faire éclore l'œuf qui la contenait. Espérons donc et examinons les moyens d'action. Pour ma part, je l'avoue à ma honte, je n'ai jamais rien compris à tout ce qui a été écrit sur ce sujet. Je serais resté dans l'ombre qui sied à une honnête médiocrité, lorsqu'a paru récemment une brochure de M. Félix Brabant. J'ai applaudi au courage et à la ténacité que cet érudit ingénieur a montré, et qui, par plusieurs, aura été taxé de témérité. Je n'ai pas été beaucoup plus heureux qu'avec les publications de MM. Trasenster, Devillez, et autres savants ; que voulez-vous? Il y a déjà si longtemps que j'ai dû abandonner la science, et pourtant cette question revenait sans cesse à mon esprit comme une véritable obsession. Dans cette situation, j'ai tenté de traiter la question avec d'autres éléments. Je considère comme un devoir de livrer mes idées à la publicité, sachant, par expérience, ce qu'il en coûte d'ajouter foi, sans vérification, à ce qui se trouve dans les meilleurs livres (*). Loin de moi la prétention d'atteindre l'infaillibilité, pas même la dernière expression de la perfection ; tout au contraire, mon but est de continuer la discussion si vaillamment ouverte par M. Félix Brabant, afin que la lumière se fasse ; et maintenant, qu'il soit bien entendu que personne plus que moi n'admire les inventions de MM. Motte, Lesoinne, Combes, Letoret, Fabry, Lemielle et surtout celles de Guibal et Lambert. Personne n'a plus de respect que moi pour la grande science dont ont fait tant de fois preuve MM. Trasenster, Bidaut, Gonot, Combes, Devillez, Brabant, qui ont écrit des livres, des mémoires à l'Académie ou des brochures sur l'aérage des mines. Tous ont rendu des services considérables par leurs inventions ou leurs écrits.

J'apporte ma part de matériaux, tels quels, je les livre à la critique dans l'espoir qu'il se trouvera un constructeur habile qui saura profiter de la discussion qui vient de s'ouvrir.

Ixelles, le 30 octobre 1882.

(*) Combes, tome II, page 25, lignes 17 à 22.

LES

VENTILATEURS DES MINES.

---

1. On a supputé jusqu'à présent la tension statique due à la force centrifuge; on n'a pas considéré la tension dynamique.
2. Les ventilateurs à force centrifuge n'agissent que par la force centrifuge développée. Formules donnant la vitesse centrifuge.
3. Le rendement est une fonction du rapport des rayons; il est indépendant du volume, de la dépression et de la vitesse angulaire.
4. Un ventilateur a une section d'échappement déterminée par la valeur des rayons, sa largeur doit être $l = \frac{r}{2}$ si le ventilateur fonctionne simultanément par toutes ses ailes; il ne doit pas exister de vanne mobile. Ventilateurs à grandes vitesses, leur utilité.
5. Le ventilateur Lambert est incomplet. Le ventilateur Guibal a un échappement irrationnel. Ventilateur dit à réaction.
6. Il est possibie de placer plusieurs ventilateurs sur le même puits.
7. Modifications à apporter aux ventilateurs existants.
8. Ce qui peut être fait lorsqu'une mine devient subitement dangereuse.

Jusqu'à présent on n'a considéré l'action de la force centrifuge dans un ventilateur que dans un état statique, pendant que le ventilateur recevait un mouvement de rotation et comme si on faisait tourner un tambour muni d'ailes et fermé partout; encore est-il que la manière de procéder ne me paraît pas correcte.

Les pressions deviennent sous l'action rotative

$$(1) \quad \ldots\ldots \quad M\omega^2R - M'\omega^2R' \ldots m'\omega^2r',$$

en décroissant jusque $m\omega^2r$ valeurs dans lesquelles m, m', etc. ne diffèrent que par la valeur de leur densité; on sait en effet que $m = \frac{P}{g} = q\frac{d}{g}$.

L'expression (1) peut donc être mise sous la forme

$$q\frac{d}{g}\omega^2R - q\frac{d}{g}\omega^2R' \ldots q\frac{d}{g}\omega^2r' \quad \text{et} \quad q\frac{d}{g}\omega^2r,$$

acceptant pour d la même valeur en R qu'en r, etc.

La somme de l'expression (1) équivaut à un prisme (fig. 1, pl. I) ayant $m\omega^2 \times R$ ou $q\frac{d}{g}\omega^2 \times R$ pour première base et $m\omega^2 \times r$ ou $q\frac{d}{g}\omega^2 \times r$ pour deuxième base et pour la hauteur $R - r$; la capacité de ce prisme représente donc bien la somme des pressions développées, le volume de ce prisme a pour mesure $q\frac{1}{2}\frac{d}{g}\omega^2[R^2 - r^2]$ ce qui correspond, ainsi que M. Brabant l'a parfaitement établi dans sa brochure, à des pressions par mètre carré $\frac{d}{2g}\omega^2R^2$ et $\frac{d}{2g}\omega^2r^2$ d'où l'expression $\frac{d}{2g}\omega^2[R^2 - r^2]$ n'est en réalité que la sommation des pressions statiques développées par le mouvement de rotation, absolument comme s'il s'agissait de supputer la pression que de petits cubes d'eau exerceraient s'ils étaient animés d'un mouvement rotatif.

Cette question, toute intéressante qu'elle peut être, n'a rien de commun avec l'action dynamique de la force centrifuge. Quant aux vitesses ωR, $\omega R'$, ... ωr, aucun obstacle ne les oblige à se transformer en tensions, elles continuent à suivre le cours de leurs évolutions et je ne vois pas par quel procédé il serait possible de les transformer en tensions, sinon qu'en arrêtant brusquement le tambour tournant pour faire reprendre aux masses m, m', ... un autre état d'équilibre. Voilà pourquoi il ne m'a pas été possible de comprendre ce qui a été écrit sur le sujet (pour plus amples détails voir Développements).

Je commence donc ma théorie *ab ovo*. On sait que

la force centrifuge a pour expression $\frac{mV^2}{R}$, que l'accélération de vitesse due à cette force est $j = \frac{V^2}{R} = \omega^2 R$; ω étant la vitesse angulaire.

On peut considérer que dans un espace de temps infiniment petit, le corps se meut d'un mouvement uniformément accéléré, *c'est-à-dire comme si pendant ce temps* d.t *et pour cet espace* d.R *l'accélération restait constante et égale à* ω^2R.

Les formules de ce mouvement sont :

$$V = jt \quad \text{et} \quad X = \tfrac{1}{2} jt^2,$$

X étant ici le chemin parcouru suivant l'aile du ventilateur, déterminons les conditions de $d.X$; qu'on le remarque bien, ce qui va être énoncé est indépendant de la valeur des masses, des volumes, des densités et de leur variation de r en R.

On a donc la différentielle $d.X = jtd.t$ et par conséquent $d.X = \omega^2 Xtd.t$, d'où $\frac{d.X}{X} = \omega^2 tdt$, multipliant les deux membres de cette équation par log. e = log. 2,718... (*) nombre aussi connu en calcul différentiel que la valeur de π est connue en géométrie, on aura

$$(2) \quad \ldots\ldots \quad \log. e \frac{dX}{X} = \log. e\,\omega^2 td.\,t$$

et par conséquent en intégrant ces deux membres on aura log. R + constante = log. $e\,\omega^2 \frac{1}{2} t^2$.

Quand $t = 0$ le second membre de l'équation devient 0, alors $R = r$ (rayon interne du ventilateur, origine des ailes), pour que le premier membre devienne = 0 il faut donc que constante soit = — log. r.

(*) 2,718281828459 base des logarithmes népériens ou hyperboliques. Voir Claudel, huitième partie, n° 1685, page 842.

D'ailleurs on sait que l'équation (2) doit s'intégrer entre deux valeurs de X, l'intégration devant se faire entre R et r (rayons extrêmes).

L'équation générale de la trajectoire est donc

$$\log. R - \log. r = \tfrac{1}{2}\omega^2 t^2 \log. e,$$

ou

$$\log. \frac{R}{r} = \tfrac{1}{2}\omega^2 t^2 \log. e.$$

Si E est le rapport qui existe entre R et r, on aura :

$$\frac{\log. E}{\log. e} = \tfrac{1}{2}\omega^2 t^2, \quad \text{d'où} \quad t = \frac{\sqrt{2}}{\omega}\sqrt{\frac{\log. E}{\log. e}},$$

remplaçant, dans la formule générale, $V = jt$ on aura donc pour la vitesse, suivant le rayon, c'est-à-dire pour la vitesse due à la force centrifuge :

$$V_2 = \omega^2 R \frac{\sqrt{2}}{\omega}\sqrt{\frac{\log. E}{\log. e}} = V_1 \sqrt{2}.\sqrt{\frac{\log. E}{\log. e}}.$$

La vitesse suivant la trajectoire sera la résultante des vitesses circulaires et centrifuges, et l'on aura :

$$V_3 = \sqrt{\overline{V}_1^2 \times \overline{V}_2^2}.$$

Les équations exprimant les trois vitesses seront donc : pour la vitesse circulaire

$$V_1 = \omega R,$$

pour la vitesse centrifuge

$$V_2 = \omega R \sqrt{2}\sqrt{\frac{\log. E}{\log. e}} = V_1 \sqrt{2}\sqrt{\frac{\log. E}{\log. e}},$$

pour la vitesse trajectoire

$$V_3 = \omega R \sqrt{1 + 2\frac{\log. E}{\log. e}} = V_1 \sqrt{1 + 2\frac{\log. E}{\log. e}}.$$

Quand E ((rapport des rayons)) $= \frac{R}{r} = e$, on aura les équations plus simples :

$$\left.\begin{array}{l} V_1 = \omega R, \\ V_2 = \omega R \sqrt{2}, \\ V_3 = \omega R \sqrt{3}. \end{array}\right\}$$ dans ce cas, l'angle que fait la vitesse trajectoire avec le prolongement du rayon est = 35° et des secondes.

La différence qui existe entre ma théorie et les choses connues est la même que celle qui existe entre l'effort reçu d'un corps qui tombe d'une hauteur h et la pression reçue par le poids du même corps en repos.

Orifice de sortie. — Échappement.

Soit mn (fig. 2, pl. I) un orifice de sortie pratiqué dans le coursier d'un ventilateur et mS direction de la vitesse trajectoire ; l'élément mm' est perpendiculaire au rayon aB, $m'o$ est perpendiculaire à mS, l'angle omm' est donc égal à l'angle W et om' qui est l'élément de section d'échappement (c'est-à-dire perpendiculaire à la direction de la vitesse V_3) est égal à mm' cosinus W, donc la section totale de l'échappement provenant de tous les éléments mm', $m'm''$, etc., a pour valeur arc mn × cosinus W qui est facteur commun de tous les éléments ; on aura donc pour le débit sur 1 mètre de largeur, $1^m V_3 \times$ arc mn cosinus W ; mais $V_3 : V_2 :: 1 :$ cosinus W, donc $V_3 \times$ cosinus W $= V_2$ on aura donc pour le débit de l'élément $= 1^m V_2 \times$ arc mm', le débit g^1 est donc :

$$q = 1^m \text{arc}\, mn \times \omega R \sqrt{2} \sqrt{\frac{\log. E}{\log. e}}.$$

Ainsi donc, qu'on laisse l'appareil se décharger

librement ou que l'on oblige l'air à sortir entre des rayons, on aura toujours la même expression

$$q = \text{arc}\, mn \,.\, \omega R \sqrt{2} \sqrt{\frac{\log. E}{\log. e}}$$

et pour un appareil de largeur L, on aura l'expression générale :

$$q = L \times \text{arc d'orifice} \times \omega R \sqrt{2} \sqrt{\frac{\log. E}{\log. e}},$$

dans cette expression, L × arc d'orifice a une valeur déterminée O, elle peut être remplacée par O = L′ × arc′ d'orifice, ce qui serait le cas s'il convenait de ne plus opérer l'échappement sur toute la largeur du ventilateur.

Nous verrons plus loin à quelles conditions la largeur L doit satisfaire, et ce que l'on sera obligé de faire pour avoir une largeur L quelconque.

Ainsi donc, à cause du mouvement circulaire intérieur, le ventilateur ne peut donner au maximum que $O \times V_2$.

Supposons maintenant que la vitesse V_3 fait l'angle W avec le rayon et qu'on veuille forcer l'air à s'échapper suivant une direction U, de manière que le plan d'échappement fasse avec la direction de la vitesse à la trajectoire un angle *o*.

Si on oblige l'air d'un élément *m* à sortir en s'infléchissant (voir fig. 3, pl. I), la vitesse V_3 se décomposera en une vitesse d'échappement V_3 cosinus *o*, et V_3 sinus *o* qui formera pression sur la paroi *m*U. La vitesse multipliée par la section d'orifice perpendiculaire à la vitesse, donnera le débit dû à $V_3 \cos o = V_3 \cos O$ arc *mn* cos $= (O + W)$; quand $O + W = 90^\circ$, $\cos o = \text{sinus}\ W$;

V_3 sinus W $= V_1$; on a donc $V_1 \times$ arc *mn* cos 90° ; cosinus 90° étant zéro, on a $V_1 \times$ arc $\times$ zéro et il reste la tension due à V_2, car V_3 sinus o $= V_2$, laquelle, avons-nous vu, ne peut donner lieu qu'à V_2 arc *mn*. Au surplus, il faut considérer que la vitesse centrifuge, c'est-à-dire suivant le rayon, a une action toute autre que la vitesse circulaire. L'action de l'atmosphère ne peut s'opposer à l'action de la vitesse centrifuge, tandis qu'elle annule complètement la vitesse circulaire; considérons que par l'action de la force centrifuge, une petite masse *m* (fig. 4, pl. I) parvenue au rayon R et animée d'une vitesse centrifuge (quelque bien supputée qu'elle ait été), a derrière elle une suite non interrompue de petites masses *m* qui se suivent à la queue leuleu et dont le rôle est de fournir une tension qui est précisément égale à celle que peut engendrer une vitesse égale à la vitesse centrifuge finale en R; les pressions susdites permettent donc à la masse *m* de s'échapper.

Tout au contraire, les vitesses circulaires agissent à angle droit du rayon, elles sont donc toutes parallèles entre elles, et la masse *m*, ne présentant dans le sens circulaire qu'une simple vitesse ωR sans tension qui la soutienne, reçoit de l'atmosphère un effet égal et contraire du fait de la résistance de l'air.

Dans le vide, les choses ne se passeraient donc pas de même. La masse *m* étant solide et la résistance de l'atmosphère ayant relativement peu de prise eu égard à $\frac{1}{2} mv^2$, une bille de billard, par exemple, s'échappera à peu près suivant la tangente à la trajectoire; plus les corps seront légers, plus leur départ se rapprochera de la direction du rayon qui sera définitivement acquise à la masse ayant la même densité que l'air atmosphérique.

On peut s'en assurer en opérant sur un petit ballon fabriqué de la veille.

L'air sortant du ventilateur doit donc théoriquement sortir suivant le rayon, mais si vous obligez le moteur agissant sur le tambour du ventilateur à mettre l'atmosphère extérieur en mouvement comme un volant de laminoir le fait dans son bac, il n'est pas surprenant qu'on ait constaté une direction générale de tout l'air mis en mouvement dans le sens du mouvement du tambour. Mon but, quant au ventilateur Lambert, est de le dégager des causes étrangères qui viennent influencer son fonctionnement et de le montrer tel qu'il devrait être et quant au ventilateur Letoret de montrer que c'est à tort qu'on n'a pas corrigé les imperfections originelles (voir planche VI) et pour la description, voir Glépin, *Ventilation des mines,* mai 1844, page 46.

Les ventilateurs des mines sont à coursier fixe ou à coursier mobile, ces derniers paraissaient avoir acquis sur les premiers une supériorité, à raison de ce qu'aucune pièce ne jouait en présence d'une autre, par exemple : comme cela existe entre les ailes et les surfaces du coursier fixe, cette supériorité à ce point de vue n'existe pas, c'est ce que nous allons démontrer, en même temps que nous montrerons que le ventilateur Lambert est presque aussi incomplet que l'était le ventilateur Letoret, type primordial.

Arthur Morin énonce dans son *Traité de mécanique* (aide-mémoire), 4me édition, page 133 :

« Pour avoir la dépense effective du volume d'air dépensé par un orifice d'une surface donnée, multipliez la dépense théorique par :

» 0,61 si la contraction est complète ;

» 0,84 si l'orifice est terminé par un ajutage cylindrique;

» 0,96 si l'orifice est à l'extrémité d'une buse conique allongée et raccordée avec la conduite, ainsi que cela a lieu généralement. »

Ceci est de la pratique incontestée, quant à la restitution de la force vive $\frac{1}{2} m V^2$ par une cheminée évasée, j'avoue ne pas la comprendre.

Un échappement comporte deux conditions : qu'un plan abrite la sortie de l'air du mouvement relatif et circulaire qui existe entre l'air en mouvement circulaire et l'atmosphère et que le plan de sortie fasse partie d'un ajutage conique, c'est-à-dire dont l'évasement soit progressif dans toutes les dimensions.

Ce qui vient d'être dit prouve qu'il ne suffit pas de faire un orifice, il faut pourvoir cet orifice d'un échappement complet. M. Lambert n'a pas d'échappement du tout.

M. Guibal a un échappement irrationnel, puisqu'il empêche la vitesse centrifuge d'agir librement et qu'elle est transformée en tension avant son départ.

J'ai donc en vue d'établir des échappements rationnels, quand il n'y en a pas ou quand ceux qui existent sont défectueux ou vicieux à défaut de calcul.

Mes échappements sont établis suivant les prolongements des rayons du cercle décrit par les ailes du ventilateur, ils évitent autant que possible de prendre toute la largeur du ventilateur pour largeur de l'échappement, car par analogie il y a lieu de tenir compte de ce qui se passe dans l'écoulement des réservoirs d'eau.

Dans le ventilateur Lambert les orifices étaient primitivement placés à chaque aile suivant deux génératrices du coursier ; dans ce cas après avoir vaincu la résistance due à la différence des pressions atmosphériques extérieure et intérieure ; différence qui vaut pour les mines de 20 à 100 kilogs par mètre carré, le jet normal est rencontré par la résistance de l'air extérieur, l'appareil fonctionne comme s'il était en repos et que l'on fît tourner l'atmosphère extérieure ; cette vitesse relative extérieure a un chiffre élevé, elle a pour valeur pour un ventilateur de 9 mètres marchant à 60 tours par minute $28^m,26$ par $1''$, elle exerce une pression par mètre carré de

$$P = V^2 \frac{d}{2g} = \frac{(28^m,26)^2}{15^m,25} = 50 \text{ kilogs},$$

pression dans bien des cas supérieure à la dépression de la mine.

Cette pression s'exerce sur le jet sortant, le comprime et l'air extérieur pénètre dans l'appareil quel que soit le rétrécissement de l'orifice.

Dans cette situation il faut supprimer la résistance de l'air extérieur et avoir égard à un ajutage ou échappement évasé, il faut (voir fig. 5, pl. I) encapuchonner l'ouverture o', perpendiculaire à no ; mp dépassant quelque peu l'orifice o', les joues $mnpS$ également un peu évasées vers la sortie, l'arc mp tangent au point p en avant de l'orifice d'échappement o', le tout prolongé pour constituer un ajutage suffisant.

La hauteur nS déterminée par l'angle W que V_3 fait avec le rayon.

L'appareil marchant dans le sens de la flèche A, la

sortie a lieu en sens relativement inverse comme l'indique la flèche *B*; mais il faut remarquer que l'air sera déposé dans l'atmosphère sans choc, c'est le moteur qui aura tout à souffrir et son travail supplémentaire dû à l'évasement sera peu considérable.

Ce ventilateur ainsi constitué n'est plus le ventilateur Lambert, c'est un ventilateur à réaction, si j'emploie l'expression vulgairement admise. *C'est un ventilateur qui procède de la machine Le Demours présentée en 1732 à l'Académie française.* Mais il redeviendrait ventilateur Lambert si, au lieu d'encapuchonner les ouvertures, on pratiquait des sorties fixes tout autour du coursier et normalement à la circonférence décrite par les ailes (voir figures 1, 2, 3, 4, planche II).

Le minimum de hauteur du coursier sera donnée pour des espacements quelconques en considérant que la vitesse tangentielle à la trajectoire V_3 doit pouvoir dans toutes les positions rencontrer un plan sur lequel elle puisse se décomposer.

L'angle de cette direction avec le rayon étant W, que nous connaissons, déterminera la chose ainsi que le montre la figure. On devra donc multiplier les casiers pour avoir des dimensions pratiques. *Il en sera de même pour l'orifice circulaire continu*; nécessairement les palettes externes fixes seront associées à des joues, soit fixées au tambour, soit fixées aux palettes fixes.

Je vais démontrer que rien ne s'oppose à la marche à grande vitesse des ventilateurs bien constitués.

Il est évident qu'ayant un ventilateur de rayons R et *r* déterminés, la vitesse centrifuge en un point quelconque, à la distance R', a nécessairement une vitesse circulaire $\omega R'$, sa vitesse centrifuge est donc liée à la vitesse circulaire, l'une ne peut s'accroître sans l'autre; il s'ensuit que $V_{2R} : V_{2R'} :: \omega R : \omega R'$ et par conséquent que

$$V_{2R'} = \frac{V_{2R} R'}{R} = \omega R \sqrt{2\frac{\log.E}{\log.e}} \times \frac{R'}{R} = \omega R' \sqrt{2\frac{\log.E}{\log.e}},$$

il s'ensuit que la vitesse en r est

$$V_{2r} = \omega r . \sqrt{2\frac{\log.E}{\log.e}}.$$

Il s'ensuit que dans tout ventilateur on doit avoir

$$l.\text{arc} \times \omega R \sqrt{2\frac{\log.E}{\log.e}} = 2\pi l r \omega r \sqrt{2\frac{\log.E}{\log.e}} = \pi r^2 \omega r \sqrt{2\frac{\log.E}{\log.e}};$$

πr^2 étant la surface de l'ouïe, en conséquence arc.L.R $= 2\pi r l r = \pi r^2 . r$ d'où arc $\times\, l = 2\pi r l \frac{1}{E} = \frac{\pi}{E} r^2 = \frac{\pi}{R} r^3$ donc $l = \frac{1}{2} r$ et arc $= \frac{2\pi R}{E}$ ou arc $\times\, l = \frac{2\pi R l}{E^2}$; l étant $= \frac{1}{2} r$ *ce qui marque la condition de la rainure* $= \frac{r}{2E^2}$ *pour l'échappement circulaire,* l'échappement total étant $2\pi R \frac{r}{2} \frac{r^2}{R^2} = \frac{\pi r^3}{R}$.

Un ventilateur travaillant sous dépression doit donc, avant de débiter de l'air, vaincre par sa vitesse V_{2R} la différence des tensions interne et externe; comme la vitesse V_2 transformée en tension donnera une tension dynamique $= \omega^2 R^2 2 \frac{\log.E}{\log.e} \frac{d}{2g}$ et non pas $\frac{d}{2g} \omega^2 [R^2 - r^2]$ qui est la tension statique dans un vase clos. La pression restante qui peut faire sortir l'air sera donc $\omega^2 R^2 2 \frac{\log.E}{\log.e} \frac{d}{2g} - K$ et cette pression restante et disponible donnera donc une vitesse restante

$= \sqrt{\frac{2g}{d}\left[\omega^2 R^2 2\,\frac{\log.E}{\log.e}\,\frac{d}{2g} - K\right]}$, en simplifiant : vitesse $= \sqrt{\omega^2 R^2 2\,\frac{\log.E}{\log.e} - K\,\frac{2g}{d}}$. Il résulte de cet exposé que toutes les vitesses centrifuges en tous les points R', depuis r jusque R, concourent de la même manière à vaincre la résistance K et dès l'origine r, la vitesse étant $\omega r\sqrt{2\,\frac{\log.E}{\log.e}}$ cette vitesse contient en elle-même deux disponibilités, l'une qui travaille à vaincre K, l'autre qui arrivera à être la vitesse restante. Comme les vitesses dans un ventilateur croissent comme les rayons et que les tensions croissent comme les carrés des rayons, il s'ensuit que la portion de tension en r qui s'oppose à K doit être $K\frac{r^2}{R^2} = \frac{K}{E^2}$ et que dès l'origine on aura vitesse V_2 restante (en r) $= \sqrt{\omega^2 r^2 2\,\frac{\log.E}{\log.e} - \frac{K}{E^2}\,\frac{2g}{d}}$ on aura donc l'égalité entre les deux valeurs du volume en R et r

$$\text{arc}.\,l\sqrt{\omega^2 R^2 2\,\frac{\log.E}{\log.e} - K\,\frac{2g}{d}} = 2\pi r l\sqrt{\omega^2 r^2 2\,\frac{\log.E}{\log.e} - \frac{K}{E^2}\cdot\frac{2g}{d}}$$

qui représentent la valeur du volume sorti et celle du volume entré, d'où

$$\frac{\text{arc}}{2\pi r} = \frac{\sqrt{\omega^2 r^2 2\,\frac{\log.E}{\log.e} - \frac{K}{E^2}\,\frac{2g}{d}}}{\sqrt{\omega^2 R^2 2\,\frac{\log.E}{\log.e} - K\,\frac{2g}{d}}},$$

multipliant ces deux membres par E et faisant passer E sous le radical du numérateur on aura

$$\frac{\text{arc} \times E}{2\pi r} = \frac{\sqrt{\omega^2 r^2 E^2 2\,\frac{\log.E}{\log.e}\quad \frac{K}{E^2}\,E^2\,\frac{2g}{d}}}{\sqrt{\omega^2 R^2 2\,\frac{\log.E}{\log.e} - K\,\frac{2g}{d}}}.$$

Sans cette forme il est évident que les deux fonctions sous racines sont égales, donc encore $\frac{\text{arc} \times E}{2\pi r} = 1$ donc arc $= \frac{2\pi r}{E}$. *Il est donc indiscutable qu'ayant un ventilateur de rayon* R *et* r *déterminés, la section d'échappement est unique quel que soit le nombre de tours, quelle que soit la dépression ;* la vanne mobile d'un ventilateur bien réglé est donc une illusion, cette vanne mobile n'a de raisons d'être que pour un ventilateur mal construit ; j'y reviendrai par la suite.

Il résulte de ce qui vient d'être dit que le travail exécuté est celui qui a procuré V_3 et que le travail utilisé, soit en vitesse, soit en résistance, est dû à V_2 et qu'en conséquence

$$\text{Le rapport du } \frac{\text{travail utilisé}}{\text{travail effectué}} = \frac{q \times \text{tension due à } V_2}{q \times \text{tension due à } V_3}$$

$$= \frac{\frac{2 \log. E}{\log. e}}{1 + 2\frac{\log. E}{\log. e}} = \frac{1}{1 + \frac{1}{\frac{2 \log. E}{\log. e}}}.$$

Lorsque $E = e$ on aura $\frac{1}{1+\frac{1}{2}} = \frac{2}{3} = 0{,}6666$.
Lorsque $E = 10$ on aura 82 %.
Le rapport E doit être $= \infty$ pour obtenir 100 %.

Le rapport du travail utilisé au travail dépensé n'est donc fonction que du rapport des rayons, ce qui était à démontrer. Ni la dépression, ni le nombre de tours n'empêchent donc de fournir par un ventilateur déterminé le rendement qu'il doit donner. La grande vitesse ne sera donc pas un obstacle à la bonne marche des ventilateurs si leur construction ne vient pas apporter une autre difficulté.

On se demandera sans doute ce que devient la vitesse V_1 puisqu'il n'y a que V_2 qui puisse réaliser un travail utile. La réponse est bien simple : lorsque le volume d'air sort du ventilateur avec une vitesse circulaire il reçoit de l'atmosphère extérieure une résistance qui est précisément égale à celle due à la vitesse circulaire qu'il possède. Dans le ventilateur à réaction la vitesse V_1 s'appuie sur le plan récepteur, et normalement à celui-ci, la pression que V_1 exerce sur ce plan est précisément égale à la pression extérieure, provenant de la résistance de l'atmosphère. Dans les autres ventilateurs s'ils n'ont pas de plan récepteur, la vitesse V_1 est annulée par la vitesse relative de l'atmosphère extérieure.

On sait que l'on peut faire agir deux ventilateurs l'un sur l'autre (voir fig. 1, pl. III); une application heureuse de ce système a été faite il y a déjà quelques années par M. M. Henin à la mine de Boubier en prenant des dispositions spéciales très avantageuses pour faire agir un ventilateur Lambert à la suite d'un ventilateur Guibal.

Cette manière de procéder trouve son utilité par le fait que la plupart des mines ont un tirage naturel qui est fort important en hiver pour plusieurs d'entre elles. Mais en été ce tirage naturel est fort réduit ; à une certaine époque de l'année on emploie les deux ventilateurs comme il vient d'être dit et l'on arrive ainsi et très économiquement à parer à un certain état de choses en doublant en quelque sorte la dépression motrice du tirage de la mine. Mais dans l'état où il se trouve exécuté ce procédé ne peut être l'objectif pour les mines qui seraient sous le coup d'un dégagement important de grisou, dégagement spontané qui peut avoir lieu aussi bien en hiver qu'en été. Ce qui serait désirable serait d'avoir des engins qui immédiatement mis en fonctionnement pareraient à une situation imprévue. Certes ce ne sera pas en ouvrant et fermant des portes de galeries telles qu'elles sont construites, opération qui jusqu'à présent nécessite un arrêt, qu'on arrivera à combattre une attaque subite et menaçante; quand une mine devient dangereuse, il est vrai que les effets ne se produisent généralement pas comme un coup de foudre, il y a souvent des signes précurseurs; mais si l'on doit attribuer le danger à la recoupe d'une veine ou d'un souflard, la situation devient périlleuse; il existe cependant des moyens pour en avertir immédiatement le personnel de la surface; que faire dans une pareille situation. Dans ces conditions pouvoir changer instantanément le régime des portes et de la vitesse des appareils d'aérage me semble être le véritable desiderata. Ouvrir un robinet et lancer son moteur ou ses moteurs à toute vapeur les portes s'ouvrant automatiquement (voir fig. 2, pl. III).

Tels sont les remèdes qui, je le pense, peuvent conjurer le danger. La question revient donc à posséder un moteur ou des moteurs d'aérage qui réalisent les conditions théoriques ou qui s'en rapprochent le plus. Les ventilateurs actuels ne fournissent pas à beaucoup près ce qu'ils devraient fournir lorsqu'on les fait fonctionner à grande vitesse, le palier, l'arbre, les bras, sont autant d'obstructions dont les effets sont d'autant plus importants que la vitesse est plus grande. Examinons les conditions que donneraient les ventilateurs théoriques. Nous avons vu que les ventilateurs théoriques doivent avoir une largeur $= \frac{r}{2}$, on voit que constitués de la sorte il est possible de supprimer les bras, l'arbre et le palier intérieur, ou tout au moins les bras et le palier. Voyons en détail les conséquences de ces conditions et supposons deux ventilateurs fonctionnant l'un sur l'autre, pour $E = \frac{R}{2} = 10$

$r = 0{,}50$ D = 10^m N = 286
$r = 0{,}60$ D = 12^m N = 167
$r = 0{,}70$ D = 14^m N = 106
$r = 0{,}80$ D = 16^m N = 72
} tours par 1' pour produire 25^{m3} avec $0^m{,}20$ de dépression de hauteur d'eau.

pour $E = \frac{R}{r} = 5$ (rendement $76\frac{1}{3}$ %)

$r = 0{,}50$ D = 5^m N = 364 tours par 1' pour produire 25^{m3} avec $0^m{,}20$ de dépression de hauteur d'eau.

La formule

$$\frac{1}{r^4}\left(\frac{25}{\pi}\right)^2 = \left(\frac{2\pi}{60}\right)^2 r^2\, 2\, \frac{\log. E}{\log. e} N^2 - \frac{1512{,}50}{25}$$

fournira les moyens de calculer les nombres de tours pour une série des valeurs à attribuer à r pour ce ventilateur. Si $E = 4 = \frac{R}{r}$ (le rendement $= 73\frac{1}{2}$ %)

$r = 0{,}50$ D = 4 N = 382
$r = 0{,}60$ D = 4,80 N = 230
$r = 0{,}80$ D = 6,40 N = 116
} tours par 1' pour produire les 25^{m3} par 1'' sous $0^m{,}20$ de dépression.

Si $E = e = 2{,}718 = \frac{R}{r}$

$r = 0{,}50$ D = 2,718 N = 470
$r = 0{,}70$ D = 3,2616 N = 295
$r = 1{,}00$ D = 5,436 N = 110
} tours par 1' pour produire les 25^{m3} par 1'' sous $0^m{,}20$ de dépression.

L'énoncé de ces chiffres montre :

1° Qu'il est possible de placer deux ventilateurs sur le même arbre et d'avoir entre les deux ventilateurs deux couples de poulies motrices et deux couples de poulies folles (voir fig. 1, pl. IV). Évidemment, un couple servira de secours pour une machine d'attente de manière à faire agir au besoin l'une ou l'autre machine avec des vitesses égales ou différentes; 2° le fait des rayons d'ouïe ayant pour valeur de 0,50 à 1 mètre permettra d'appliquer directement deux ventilateurs sur le même puits d'aérage si même ces puits sont de petites dimensions.

Cet énoncé va probablement soulever un tollé général, le contraire est admis, on ne met pas deux cheminées dans une chambre.

Et bien tous ces faits sont faux. D'abord à mon cercle trois ou quatre foyers y marchent parfaitement et simultanément; l'exemple des foyers n'est donc pas toujours exact et quant à ne pas mettre deux ventilateurs sur le même puits, il faut distinguer.

Si on place sur un puits de 2 mètres à $2^m,50$ de diamètre, comme il n'y en a que trop, des ventilateurs dissemblables dans leur forme et leur vitesse, si on donne à ces ventilateurs des ouïes de 3 mètres, c'est-à-dire plus grandes ou égales à la section des puits; si on ne procède par aucun aménagement convenable en vue du résultat à atteindre, on tombera dans l'application des redites qui sont passées à l'état d'axiome, tout comme deux foyers seraient absurdes dans une chambrette; mais je prétends qu'ayant un puits de 3 mètres de diamètre présentant une section libre $\frac{\pi d^2}{4} = \frac{\pi 3^2}{4} = 7^{m^2}$, il est possible d'y faire fonctionner simultanément tout au moins deux ventilateurs semblables, marchant à la même vitesse, ayant chacun une ouïe de 2 mètres de diamètre, la somme de leur section étant $\frac{\overline{2\pi . 4}^{m^2}}{4} = 6^{m^2},28$ et qu'à plus forte raison deux ventilateurs de $1^m,60$ de diamètre d'ouïe, présentant ensemble une section $= 5^m,62$, y seront parfaitement à l'aise. Enfin, si on considère que $2^{m^2} \frac{\pi(1,5)^2}{4} = 3^{m^2},57$. Si on prend le rapport $E=4$, ce qui donne au ventilateur un diamètre de 6 mètres, dimension qui, à raison des moyens de construire, me paraît très convenable pour les grandes vitesses, on pourra réaliser toutes les conditions désirables, même sur un puits de $2^m,50$ de diamètre, non seulement on pourra faire marcher deux ventilateurs à simple effet, mais encore deux ventilateurs à double effet. C'est au constructeur de machines qu'échoit maintenant la tâche d'appliquer à ces engins des combinaisons commodes qui admettent la moyenne et la grande vitesse.

J'ai parlé de portes se mouvant automatiquement. Je tiens à montrer qu'elles sont facilement réalisables.

Soit G (fig. 3, pl. IV) une galerie qui conduit au ventilateur, soit p une porte suspendue par un axe A, tel que la hauteur totale soit divisée en deux parties inégales $\frac{1}{3}$ et $\frac{2}{3}$, admettez que ces deux parties se fassent équilibre au moyen d'un contre-poids q ou, autrement, soit K un arrêt, évidemment si le ventilateur ne marche pas, la porte restera fermée parce que la pression atmosphérique agissant sur une surface $\frac{2}{3} - \frac{1}{3}$ aura une action suffisante. Si au contraire le ventilateur est mis en marche, la dépression produite par le ventilateur agira en sens inverse, donc si on possède un ventilateur de secours, à un instant donné on pourra presque instantanément le faire fonctionner utilement. L'axe A peut être vertical. La porte peut être faite à plusieurs battants. J'emploie ce système pour un autre objet et je m'en trouve bien. Cependant je dois dire que ce serait une erreur de croire que le vent d'une machine soufflante entrant dans un réservoir donne toujours dans ce réservoir une vitesse en raison inverse des sections du tuyau de conduite et du réservoir. Ce serait encore une erreur de croire à la répartition d'une vitesse dans une grande galerie de mine qui reçoit l'air d'une plus petite galerie. Je pense que MM. Jochamps et Lambert témoigneront qu'ils ont constaté très sensiblement le contraire au charbonnage de Piéton, lors d'expériences qu'ils ont faites vers 1849 sur une vis Motte.

J'estime donc que si l'on avait un puits p de $2^m,5$ de diamètre se rendant dans un agrandissement de puits P', ayant 5 mètres de diamètre, ou plus, si on établissait une mince cloison C à l'entrée du puits P et au commencement de P', si on établissait une autre cloison C' à l'extrémité du puits P' au moment où deux galeries y puiseront l'air, je pense qu'on pourrait à volonté y faire fonctionner directement deux ventilateurs (voir fig. 4, pl. IV).

Il est probable que bon nombre d'ingénieurs et d'exploitants n'ont pu encore s'expliquer pourquoi on fabriquait des ventilateurs à mêmes rayons et à largeur de 2 mètres, $2^m,25$, $2^m,50$ et 3 mètres, c'est un des problèmes qui m'ont le plus intrigué et dont j'ai voulu avoir la solution.

Quel est le rôle que joue la largeur d'un ventilateur?

On a vu que la largeur d'un ventilateur étant $L = \frac{1}{2} r$, l'échappement doit être

$$\frac{2\pi r}{E} \frac{r}{2} = \frac{\pi r^3}{R} = \frac{2\pi R}{E^2} \frac{r}{2},$$

si on donne au ventilateur une largeur L' quelconque, si, en même temps, on n'admet l'air à l'entrée dans $2\pi r L'$ que sur sa $n^{\text{ième}}$ partie telle que $\frac{1}{n} = \frac{r}{2L'}$ il s'ensuit que de $2\pi r L'$, il n'y aura que dans la $n^{\text{ième}}$ partie que l'air pourra entrer entre les ailes, c'est-à-dire

$$2\pi r L' \frac{1}{n} = 2\pi r L' \frac{r}{2L'} = \pi r^2,$$

ce qui est nécessaire pour qu'aucune résistance ne soit créée entre πr^2 et $2\pi r L'$; or, si au lieu d'intercepter l'air sur $2\pi r L'$, ce qui est matériellement impossible, on pouvait empêcher l'air de sortir à la même portion correspondante de $2\pi R L'$, c'est-à-dire que la $n^{\text{ième}}$ partie seulement de $2\pi R L'$ soit admise à fonctionner, le résultat serait encore le même ; mais il est impossible d'intercepter le fonctionnement à la circonférence $2\pi R$ dans le ventilateur Guibal, et puisqu'on a voulu qu'il fonctionne sur toute sa largeur ((le contraire eût été un moyen d'action en rendant les ailes trapézoïdales)), il reste pour seule ressource d'agir sur l'échappement du coursier; l'échappement $\frac{\pi r^3}{R}$ deviendra donc

$$\text{(A)} \quad \ldots\ldots\ldots \quad \frac{\pi r^3}{R} \frac{1}{n} = \frac{\pi r^4}{2RL'},$$

on verra que cette expression (A), appliquée à la formule que j'ai déjà indiquée, satisfait dans une mesure convenable aux expériences faites sur le ventilateur Guibal.

Concluons donc que la formule $\frac{1}{n} = \frac{r}{2L'}$ énonce que r étant connu, on peut prendre à volonté des valeurs de n quelconques; on obtiendra des valeurs correspondantes de L′ : si $r = 1^m,50$, si $\frac{1}{n} = \frac{1}{3}$ ou $\frac{1}{4}$, L′ sera $2^m,5$ ou 3 mètres ; c'est ce que j'avais promis de montrer.

Ainsi donc en élargissant le ventilateur au delà de la valeur $\frac{r}{2}$, on est dans l'obligation d'annihiler une portion $1 - \frac{1}{n}$ telle que $\frac{1}{n} = \frac{r}{2L}$. Cette formule et ces considérations montrent encore qu'abandonnant les errements anciens, on pourra prendre pour les deux espèces de ventilateurs les dispositions indiquées dans les figures 1, 2, 3, 4, 5, planche V; les casiers fixes dont j'ai donné la construction ne seront donc établis que sur la $n^{\text{ième}}$ partie de $2\pi R$, ce qui aura pour conséquence le départ de l'air dans la partie de l'atmosphère qui n'est pas obstruée par les murailles des constructions, et l'air, dans le ventilateur Lambert, ne sera plus lancé en partie vers le sol; on voit donc tout le parti qu'il est possible de tirer de ces considérations au point de vue de l'amélioration des ventilateurs existants, qu'ils soient à coursiers fixes ou coursiers mobiles; ce système permettra aussi le départ de l'air vers une galerie pour le rendre ensuite à un autre ventilateur (fig. 1, 2, pl. III). Chose remarquable, lorsque j'ai un ventilateur normal de largeur $= \frac{r}{2}$, l'échappement est $\frac{\pi r^3}{R}$; lorsque j'ai un ventilateur Guibal de largeur quelconque L, j'ai pour échappement $\frac{\pi r^4}{2LR}$, formule qui effectivement revient à $\frac{\pi r^3}{R}$ quand $L = \frac{r}{2}$; cela veut donc dire que lorsqu'on élargit le ventilateur, la section d'échappement diminue de valeur puisque $\frac{r}{2L}$ est < 1 et comme $K = c\left[a\,N^2 - \frac{q^2}{S^2}\right]$ plus la section diminue, plus le terme $\frac{q^2}{S^2}$ augmente, donc moins K a de valeur; si K a moins de valeur, plus q devient grand, donc le ventilateur ordinaire convient aux dépressions moyennes débitant de grands volumes, le ventilateur normal avec $L = \frac{1}{2} r$ convient aux dépressions fortes ; il s'ensuit qu'en mettant deux ventilateurs à largeur normale sur le même puits, on réunira la forte dépression et le grand volume ; ils agiront comme un ventilateur à deux ouïes. Ces considérations sont fort délicates, et moi-même j'avais primitivement pensé que tous les ventilateurs à largeur L devaient conserver leur échappement $\frac{\pi r^3}{R}$ parce que, pensai-je, si je ne fais agir que la $n^{\text{ième}}$ partie qui règle le débit par πr^2 avec $2\pi r L$, $\frac{1}{n} 2\pi r L = \frac{r}{2L} 2\pi r L = \pi r^2$ et pour régler l'échappement par $2\pi R L'$ avec $2\pi r L$ il suffit de prendre

$$2\pi R L' \omega R \sqrt{2 \frac{\log. E}{\log. e}} = 2\pi r L \omega r \sqrt{2 \frac{\log. F}{\log. e}},$$

donc $2\pi R L' R = 2\pi r L r$ d'où L' largeur d'échappement $L' = \frac{2\pi r L r}{2\pi R R} = \frac{L}{E^2}$, il s'ensuivrait donc que la surface d'échappement serait $2\pi R L' \frac{1}{n} = 2\pi R \frac{r}{2L} \frac{L}{E^2} = \frac{\pi r^3}{R}$, si donc l'obstruction extérieure se réalise convenablement comme je le propose, je suis porté à penser qu'alors les ventilateurs peuvent offrir cette solution, à l'exception du ventilateur Guibal, l'obstruction de la $n^{\text{ième}}$ partie ne s'y opère pas et on ne peut la tenter (*).

Je dois ajouter que pour les moyennes vitesses, les grandes largeurs me paraissent utiles parce qu'on peut alors éviter le frottement de l'air contre les joues du ventilateur; cet appareil mis en tension, il s'établira un

---

(*) Suivant que le coursier sera plus ou moins concentrique aux ailes, la vanne ou du moins la normale au coursier formant vanne réelle variera entre les deux valeurs $S = \frac{\pi r^3}{R}$ et $S' = \frac{\pi r^4}{2LR}$.

La vanne mobile ne peut donc résulter de l'état de la mine, mais bien de l'état du coursier et de la manière dont le coursier a été fait.

courant en quelque sorte isolé qui ira de l'ouïe vers la sortie, si celle-ci est placée comme l'indiquent les figures 4 et 5, planche V.

La tâche des constructeurs sera donc de rechercher les meilleurs moyens de jumeler ou accoupler, à volonté et en marche, deux ventilateurs ou leurs machines de manière à assurer dans le plus court délai absolument les mêmes vitesses ; sans aucun doute, les électriciens y trouveront un sujet digne de leurs recherches. Je pense qu'on trouvera les éléments de la solution dans des moyens analogues aux freins électriques et en attendant la solution qui sera fournie, on se servira des embragages connus (voir fig. 2, pl. IV).

La formule que j'ai déjà donnée peut être modifiée de manière à faire sortir telle ou telle inconnue, ainsi on aura

$$(B) \quad . \quad . \quad . \quad K = \frac{d}{2g}\left[\omega^2 R^2 2 \frac{\log. E}{\log. e} - q^2 \left(\frac{1}{\frac{\pi r^4}{2RL}}\right)^2\right]$$

pour le ventilateur Guibal.

Toutefois pour tenir compte de ce qui est énoncé par Arthur Morin, il faut faire $0{,}96 \times q$ théorique $= q$ pratique, puis $\omega^2 R^2 2 \frac{\log. E}{\log. e}$ multiplié par $\frac{d'}{d}$ d' étant le poids du mètre cube d'air sous la pression $0{,}76 - K$ (transformé en colonne de mercure) et d la densité sous la pression $0^m{,}76$; ceci dit, si on applique cette formule aux expériences faites sur les ventilateurs, rapportées par MM. Devillez et Brabant, on trouve, avec le ventilateur de $4^m{,}50$ et $1{,}^m50$ et $L = 2^m$,

$$K = \left[0{,}4878\, N^2 - q^2 \frac{1}{0{,}78} \frac{1}{0{,}92}\right] 0{,}0611 \quad 0{,}92 = (0{,}96)^2,$$

pour $N = 90$ $q = 32^{m^3},47$ $K = 150^k$ au lieu de 138^k observées
— $N = 60$ $q = 21,723$ $K = 67$ — 65^k observées;

ce qui tendrait bien à prouver que les ventilateurs actuels ne sont pas taillés pour la course; on aura avec le ventilateur de $3^m,50$, $L = 1^m,70$ de largeur et $r = 1^m,50$.

$N = 62$ $q = 14^{m^3},09$ $K = 41^k$ au lieu de 40^k observées.

Après lecture de ce travail, on me dira, peut-être: à quoi bon tout cela, les appareils Guibal et Lambert fonctionnent bien tels qu'ils sont; ne donnent-ils pas 20 ou 25 mètres cubes en une seconde. Votre but a-t-il été de donner une formule?

D'accord, le ventilateur Guibal a fourni ce qui lui a été demandé et cela avec une économie incontestée jusqu'à ce jour pour le Guibal, mais contestable. Quant au ventilateur Lambert, il est resté, et pour cause, dans une infériorité telle qu'il rehaussait encore davantage la valeur du ventilateur Guibal, alors que le contraire eût dû se produire s'il avait été complété. MM. Guibal et Lambert ont eu le mérite considérable, incontestable et incontesté d'apporter à une époque que j'ai rappelée des appareils qui satisfaisaient amplement à tous les besoins.

En est-il encore de même aujourd'hui? Voilà la question que je me permets de poser à mon tour et à laquelle chacun répondra qu'effectivement les catastrophes sont devenues bien nombreuses et bien terribles, qu'il y a lieu d'aviser. Jeter aux riquettes ces magnifiques engins comme on l'a fait pour le Letoret serait folie. Croire qu'ils sont la dernière expression de la perfection, c'est absurde.

Que peut-on faire de plus sage que de prendre tout

ce qui a été écrit sur le sujet *ad referendum* et recommencer l'étude comme si la question était nouvelle ; c'est ce que j'ai fait. Je crois avoir démontré, contrairement à tout ce qui était admis : qu'un ventilateur n'agit que par la force centrifuge et à raison de la tension dynamique qu'elle peut produire et qu'il importe de bien déterminer ; que l'échappement choisi par M. Guibal est irrationnel ; que sa vanne mobile est une illusion ; que le ventilateur Lambert est incomplet et peut être complété ; que, par conséquent, il en est de même pour le ventilateur Letoret (v. planches VI et VII) ; que la restitution du travail $\frac{1}{2}mV^2$ est une erreur ; que les ventilateurs peuvent marcher à grande vitesse lorsqu'ils sont construits *ad hoc* ; qu'il y a moyen d'apporter des améliorations utiles aux conceptions de MM. Guibal et Lambert à divers points de vue ; que les ventilateurs fonctionnant l'un sur l'autre constituent un procédé applicable utilement aux mines qui deviendraient dangereuses si on n'avisait pas, en certaines circonstances, à leur fournir des moyens plus puissants ; mais que ce procédé tel qu'il a été conçu, n'étant pas d'une mise en œuvre instantanée, ne peut parer à l'imminence d'un danger survenu subitement et qui demande un secours immédiat ; qu'il est clair que c'est à défaut de moyen à mettre instantanément en œuvre que les catastrophes se produisent et que les effets en sont d'autant plus graves que l'attente est plus longue ; que c'est là la question qui s'impose aujourd'hui ; les remèdes se trouveront : 1° *dans l'emploi des ventilateurs capables de fonctionner à moyennes et à grandes vitesses ;* 2° *dans l'emploi de ventilateurs agissant simultanément sur le même puits ;* 3° *dans l'emploi de portes automatiques permettant l'emploi consécutif d'un ou de plusieurs ventilateurs de secours.* Tel a été l'objet principal de mes études.

Quant aux formules, on ne peut guère s'en passer si l'on veut démontrer quelque chose, et pourtant, je ne me le dissimule pas, ce sont des instruments difficiles à manier, elles peuvent faire verser dans les erreurs les plus étranges; parfois aussi elles se donnent le malin plaisir de faire croire à la confirmation des théories que l'esprit a enfantées.

On me pardonnera sans doute l'ambition d'avoir voulu atteindre leur hauteur à raison du but que je me suis proposé.

DÉVELOPPEMENTS.

Soit S^{m^2} une surface; S × pression en K*i* par mètre carré qui lui est appliquée est égale à la force ou pression totale en K*i* appliquée à cette surface. Soit *h* en mètres le chemin parcouru par le fait de l'application susdite. Le travail exercé est : S × pression par mètre carré × *h*, or, $S^{m^2} h^m = q^{m^3}$ = le volume engendré; donc

$$q \times P_{\text{pression par } 1^{m^2}} = \text{travail effectué (2).}$$

Supposons qu'en chacun des points d'une ligne $R - r = h^m$, des poids ou forces $P^k = mg$, soient appliqués en exerçant tous une pression ou une traction dans le même sens de r en R. L'ensemble de ces tractions, toutes égales à $P^k = mg$ tirant sur $\overline{R - r}^m$ sont égales à la valeur d'un prisme ayant $m \times g$ pour base et $R - r$ pour hauteur, le volume du prisme représentera donc l'ensemble des tractions et ce volume a pour mesure $\overline{mg}^k[R - r]^m = \overline{mg}^k h^m = P^k h^m$. Or, P*h* est le travail d'une seule de ces forces depuis r jusque R et comme $P = qd$ ce travail a donc pour valeur $q \times d \times h$ comme $\frac{Tr}{q}$ = pression par mètre carré, il s'ensuit que $d \times h$ exprime la pression par mètre carré. Ainsi donc parce que toutes les pressions réunies ont une valeur par mètre carré équivalente au travail d'une seule pression, on en déduit la valeur que toutes *ces pressions exercent à l'état statique sur une surface d'un mètre carré.*

Supposons maintenant que les poids ou forces soient variables au lieu d'être constantes, soient $m\omega^2 R$, $m\omega^2 R'$, ..., $m\omega^2 r'$, $m\omega^2 r$; la somme de ces valeurs équivaut encore à un prisme (fig. 1, pl. I) dont le volume $= \frac{R+r}{2}[R - r] \times$ la hauteur du prisme $m\omega^2 = q \frac{d}{g} \omega^2$, le volume $= \frac{1}{2} m\omega^2[R^2 - r^2] = \frac{d}{2g} q\omega^2[R^2 - r^2] = S_r^R m\omega^2 \rho d . \rho$ travail d'une seule force ou pression depuis r jusque R. Il en résulte que la pression par mètre carré $= \frac{d}{2g}\omega^2[R^2 - r^2]$; cette pression est donc bien la mesure de toutes les forces réunies pressant sans mouvement, et encore une fois il a été possible d'obtenir la valeur de la pression par mètre carré parce que toutes les pressions exercées équivalent au travail d'une seule de ces forces se modifiant de r en R et agissant de r en R. Cette expression serait exacte pour un tambour rempli d'air si toutes les densités des zones d'air étaient toutes les mêmes, comme s'il s'agissait d'eau renfermée dans le tambour.

Il nous importe de vérifier ce que nous venons d'énoncer.

Imaginons un vase rempli de liquide et d'une hauteur H, il est clair qu'une section quelconque S reçoit à sa base tout le poids d'une colonne de liquide et que sur la surface s le poids qui pèse est sHd; d étant la densité du liquide ou le poids du mètre cube. Il est évident que toutes les sections parallèles à s reçoivent des pressions qui vont en diminuant jusqu'à devenir zéro. On demande quelle sera la pression par mètre carré sur le fond du vase, à raison de toutes ces pesées les unes sur les autres. Il est évident que leur ensemble est représenté par un triangle dont H serait la hauteur et une base qui représenterait sHd. Or ce triangle a pour mesure cette base $sHd \times \frac{1}{2}H$, de sorte que la question est la même que celle de savoir quelle serait la pression exercée par toutes forces égales à sHd appliquées à tous les points de $\frac{1}{2}$ H et nous avons vu que cette pression totale est équivalente au travail d'une force sHd tombant en parcourant $\frac{1}{2}$ H. Or le volume engendré est $S \times \frac{1}{2} H$ et le travail est $sHd \frac{1}{2} H$ donc $\frac{sHd\,^1/_2 H}{S \times {}^1/_2 H} = Hd$, donc la pression par mètre carré exercée par un liquide sur la surface inférieure est H, la hauteur du liquide $\times$ d la densité du liquide, ainsi $0^m,10$ d'eau $\times$ 1000 kilogs ou la densité, ou le poids du mètre cube d'eau = 100 kilogs.

Il est clair qu'on aurait pu dire immédiatement, sHd étant le poids sur S, le poids par mètre carré est $\frac{sHd}{S}$, mais j'ai tenu à démontrer que mon raisonnement primitif était juste, afin de pouvoir l'appliquer au tambour tournant.

De la formule (2) il résulte que l'on a

$$q[P - P'] = T - T',$$

et par conséquent que le travail exécuté pour fournir une différence de pression à un volume q, a pour valeur le volume $q \times$ l'excès de pression soit en plus, soit en moins (pression par mètre carré). Quand on s'occupe de la force centrifuge, on a le tort de croire que c'est la vitesse circulaire qui engendre la force centrifuge; en y réfléchissant bien, cela n'est qu'absurde. La force centrifuge et le travail qu'elle peut donner sont engendrés par un travail qui ne peut se produire qu'en produisant une vitesse angulaire qui, en quelque sorte, n'est que l'accessoire obligé et non la cause de la force centrifuge et du travail de celle-ci.

On a donc le régime de la force centrifuge exprimé par $dx = \omega^2 xtd.t$ et comme $V_2 = \frac{d.x}{d.t}$ on aura $V_2 = \frac{d.x}{d.t} = \omega^2 .xt$, c'est-à-dire que le corps étant arrivé à l'extrémité du rayon x et ayant mis le temps t pour y arriver, on a la valeur correspondante de V_2 (pour ce point à l'extrémité du rayon x). Par conséquent, cette loi est la même pour tous les points ; elle est donc applicable à l'extrémité du rayon R ; or comme pour ce point l'on a

$$t = \frac{\sqrt{2}}{\omega}\sqrt{\frac{\log. E}{\log. e}},$$

il s'ensuit qu'à l'extrémité de R, on aura

$$V_{2R} = \omega^2 R \frac{\sqrt{2}}{\omega}\sqrt{\frac{\log. E}{\log. e}} = \omega R \sqrt{2}\sqrt{\frac{\log. E}{\log. e}},$$

et comme les vitesses centrifuges sont liées aux vitesses circulaires de telle sorte que les unes ne peuvent s'accroître que comme les autres le font, comme les vitesses circulaires sont proportionnelles aux rayons, il s'ensuit que l'on doit avoir $V_{2R} : V_{2R'} : R : R'$ et qu'en conséquence

$$V_{2R'} = \omega R \sqrt{2}\sqrt{\frac{\log. E}{\log. e}} \cdot \frac{R'}{R} = \omega R' \sqrt{2}\sqrt{\frac{\log. E}{\log. e}}.$$

APPENDICE.

Le ventilateur, appelé bien à tort Diable, a des effets inexpliqués jusqu'ici et qui pourtant sont bien simples. C'est ainsi qu'on lit dans presque tous les ouvrages qui ont traité du sujet (voir *Dictionnaire des arts et manufactures*, Ch. Laboulaye, Complément, article Ventilateur). Le ventilateur n'aspire l'air que sur une portion de l'ouïe; après le passage des ailes devant l'échappement il y a rentrée d'air, etc., etc. Ce phénomène est précisément dû à la largeur du ventilateur et à son fonctionnement sur la $n^{\text{ième}}$ partie. N'est-il pas évident que lorsqu'un secteur a passé devant l'échappement il contient une tension dynamique et n'est-il pas tout naturel que cette tension doive se détendre pour prendre la tension statique. Il n'en résulte pas plus d'inconvénient qu'il n'y en a dans les cylindres à vapeur de locomotives qui marchent avec recouvrement; nonobstant, l'étude de ce phénomène, basée sur le principe que je viens d'émettre, me paraît un sujet plein d'attraction pour les mathématiciens.

Pourquoi dans un ventilateur Guibal l'air l'extérieur rentre-t-il dans le ventilateur par une porte que l'on ouvrirait sur le coursier? L'échappement tangentiel serait-il plus favorable que l'échappement normal? D'échappement proprement dit, il n'y en a pas, il y a un orifice d'échappement dont la largeur devrait être $\frac{L}{2E^2}$ si $L = 2$ mètres, si $E = 3 \frac{L}{2E^2} = \frac{2}{18} = 0^m,11$; ajoutez à cela que l'atmosphère exerce une action immédiate sur la tension statique et vous aurez l'explication du phénomène.

Deux formules importantes sont données dans le cours de ce mémoire.

1°
$$\frac{\text{travail utilisé}}{\text{travail effectué}} = \frac{\dfrac{2 \log. E}{\log. e}}{1 + 2\dfrac{\log. E}{\log. e}}$$

Quand E = 1, c'est-à-dire quand R = r, 1° devient $\frac{0}{1}$, autrement dit, quand le ventilateur n'a pas d'aile, le travail utilisé est nul; il n'en existe pas.

2°
$$q = \pi r^2 \sqrt{\omega^2 r^2 2 \frac{\log. E}{\log. e} - \frac{K}{E^2}\frac{2g}{d}} \quad \text{quand } R = r, \ E = 1.$$

Cette formule devient, en tenant compte que K peut prendre le signe positif ou négatif, selon le sens dans lequel K agit :

$$q = \pi r^2 \sqrt{K \frac{2g}{d}},$$

or K pression par mètre carré $= V^2 \frac{d}{2g}$ donc $q = \pi r^2 V$, équation rationnelle exprimant mathématiquement ce qui se passe quand R = r et qu'une dépression ou pression existe à l'ouïe.

J'engage mes devanciers à soumettre les formules qu'ils ont produites aux mêmes épreuves.

Planche I

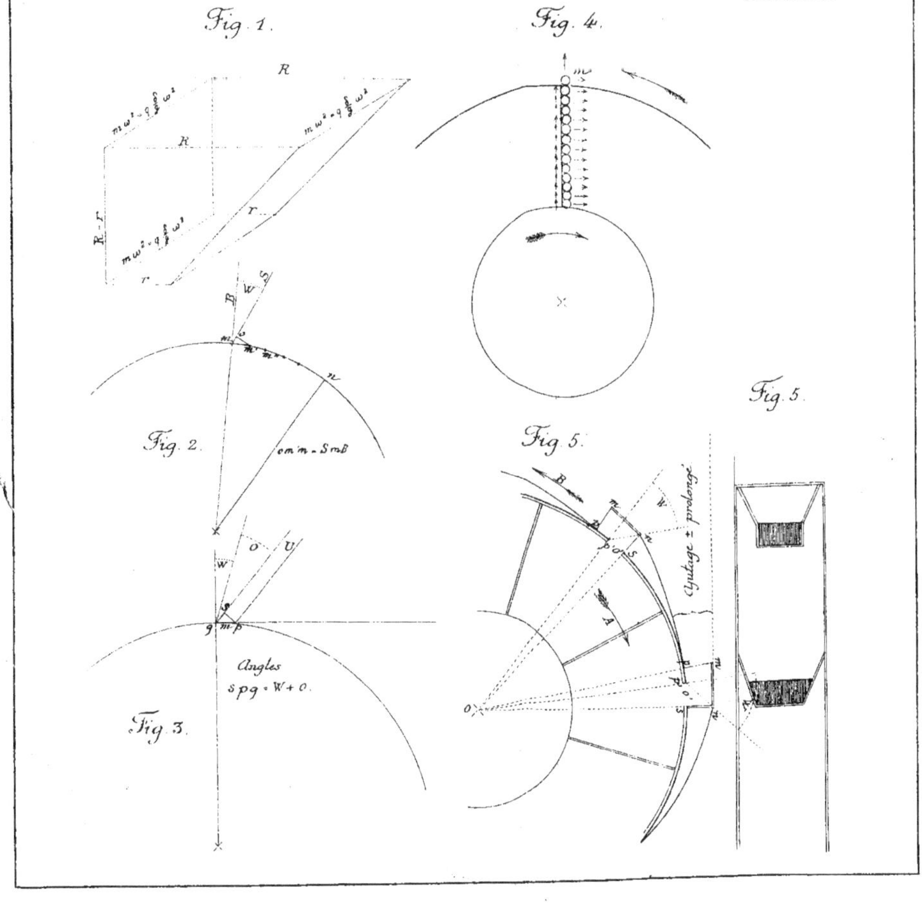

Fig. 1.

Fig. 4.

Fig. 2.

$cm'm = SmB$

Angles
$spq = W + O.$

Fig. 3.

Fig. 5.

Ajutage ± prolongé

Fig. 5.

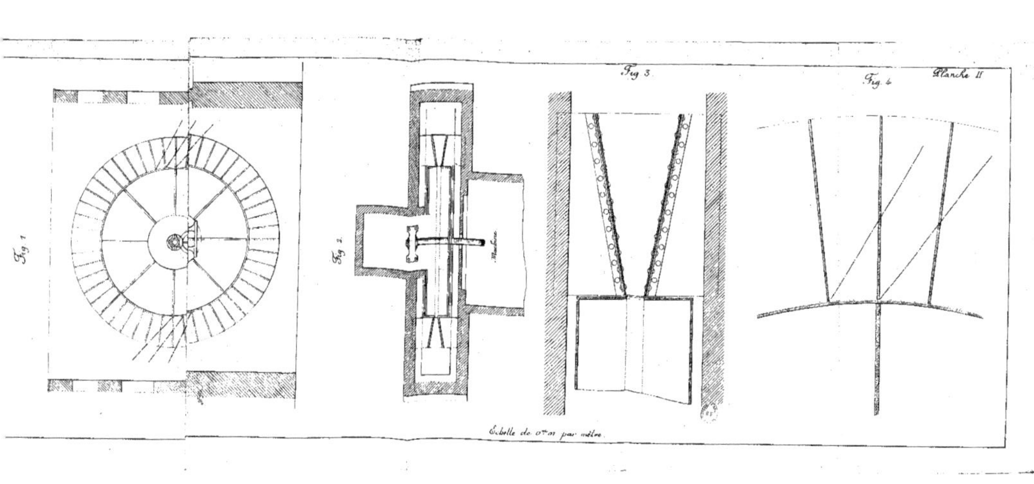

Fig. 1
Fig. 2
Fig. 3
Fig. 4
Planche II
Echelle de 0m.01 par mètre

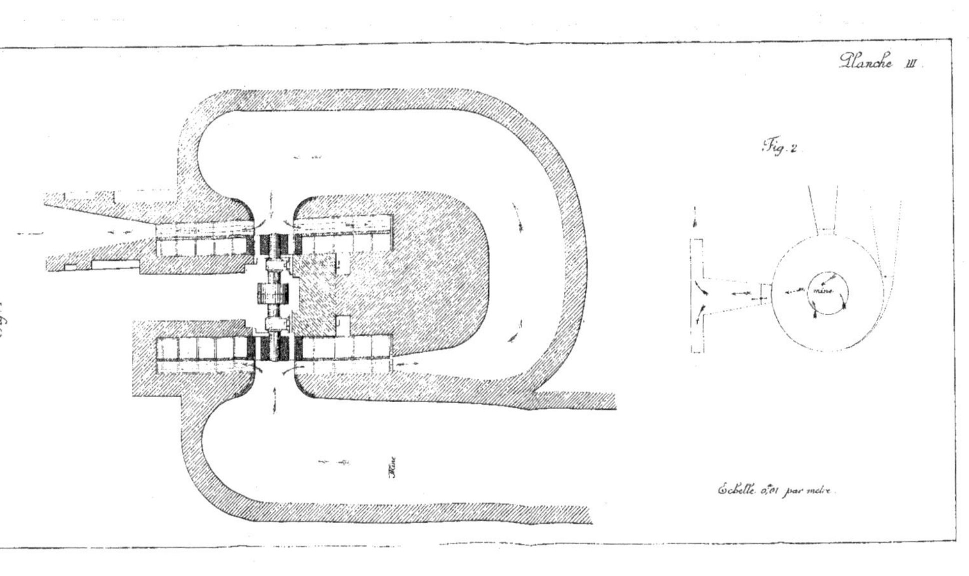
Planche III.
Fig. 1
Fig. 2
mine
Echelle 0,01 par mètre.

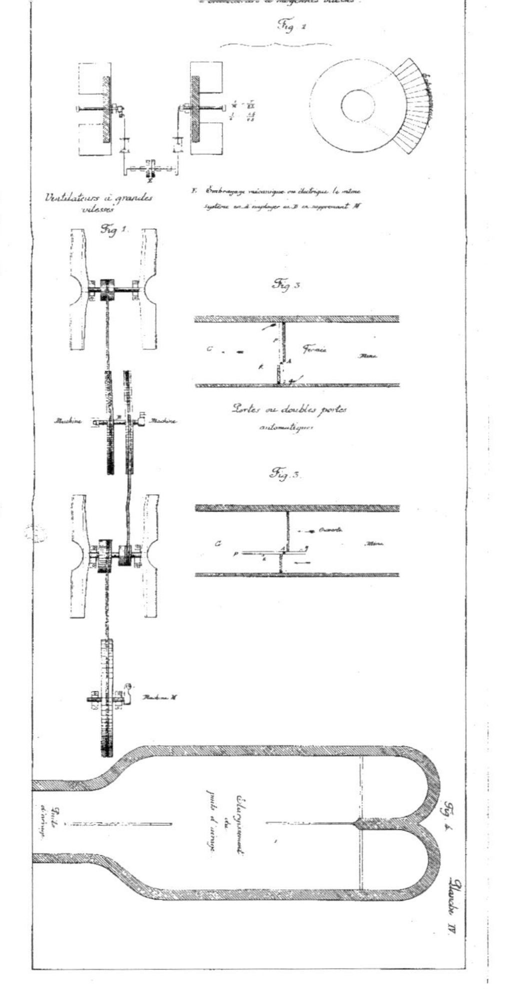

Planche IV
Fig 2
Ventilateurs à grandes vitesses
F. Embrayage mécanique ou électrique le même système est à employer en B en supprimant M
Fig 1
Machine
Machine
Machine M
Fig 3
Fermée
Portes ou doubles portes automatiques
Fig 3
Ouverte
Fig 4
Elargissement du puits d'aérage
Puits d'aérage

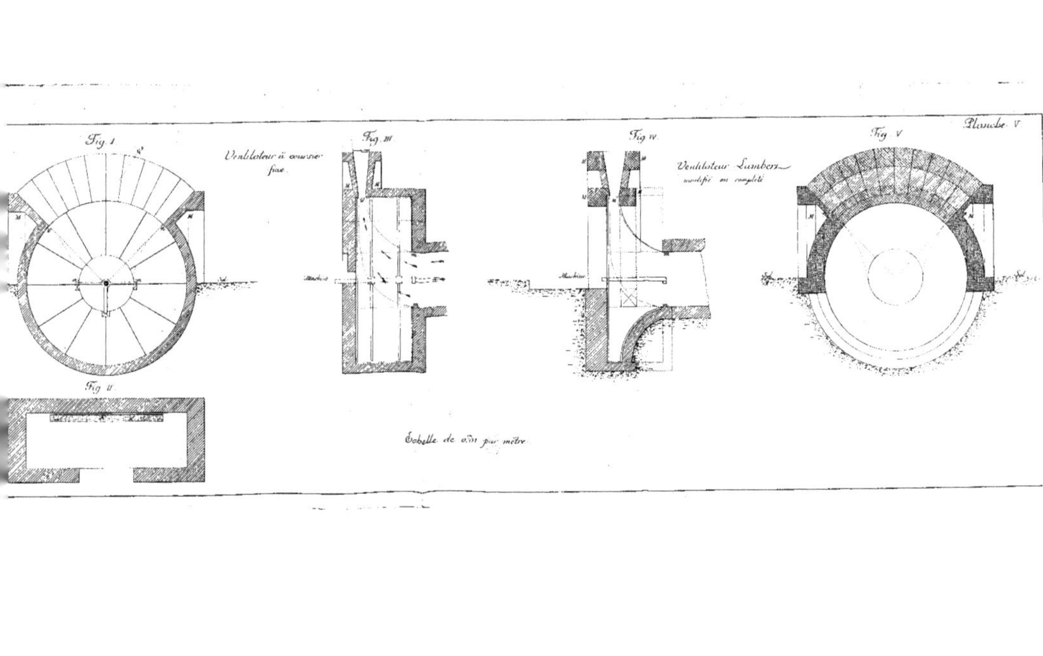
Planche V
Fig. I
Ventilateur à coursier fixe.
Fig. III
Fig. IV
Ventilateur Lambert modifié et complété
Fig. V
Fig. II
Echelle de 0.01 par mètre

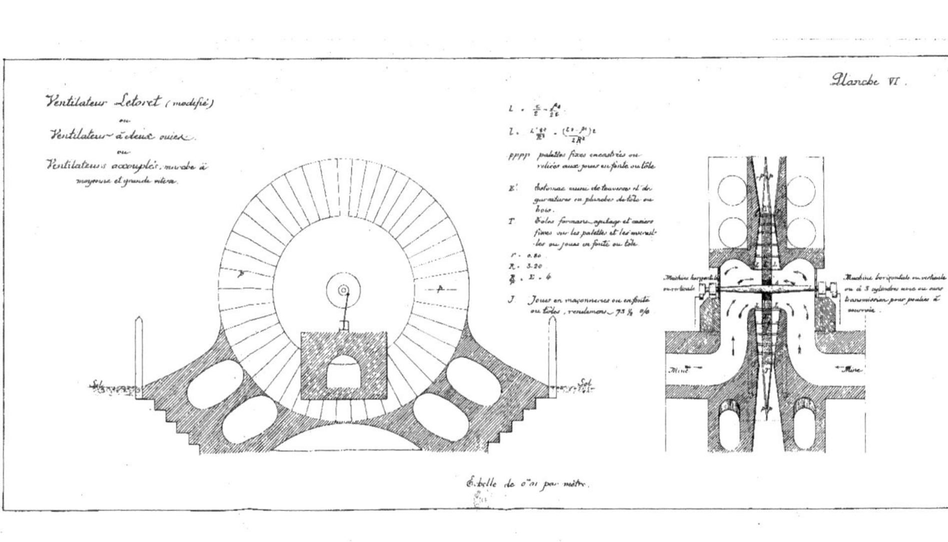
Planche VI.
Ventilateur Letoret (modifié)
ou
Ventilateur à deux ouïes.
ou
Ventilateurs accouplés, mus à moyenne et grande vitesse.
pppp palettes fixes encastrées ou reliées aux joues en fonte ou tôle
r. 0.80
R. 3.20
J Joues en maçonneries ou en fonte ou tôles, rendement 73 ½ %
Machine horizontale ou verticale
Mine
Mine
Sol
Sol
Échelle de 0m01 par mètre.

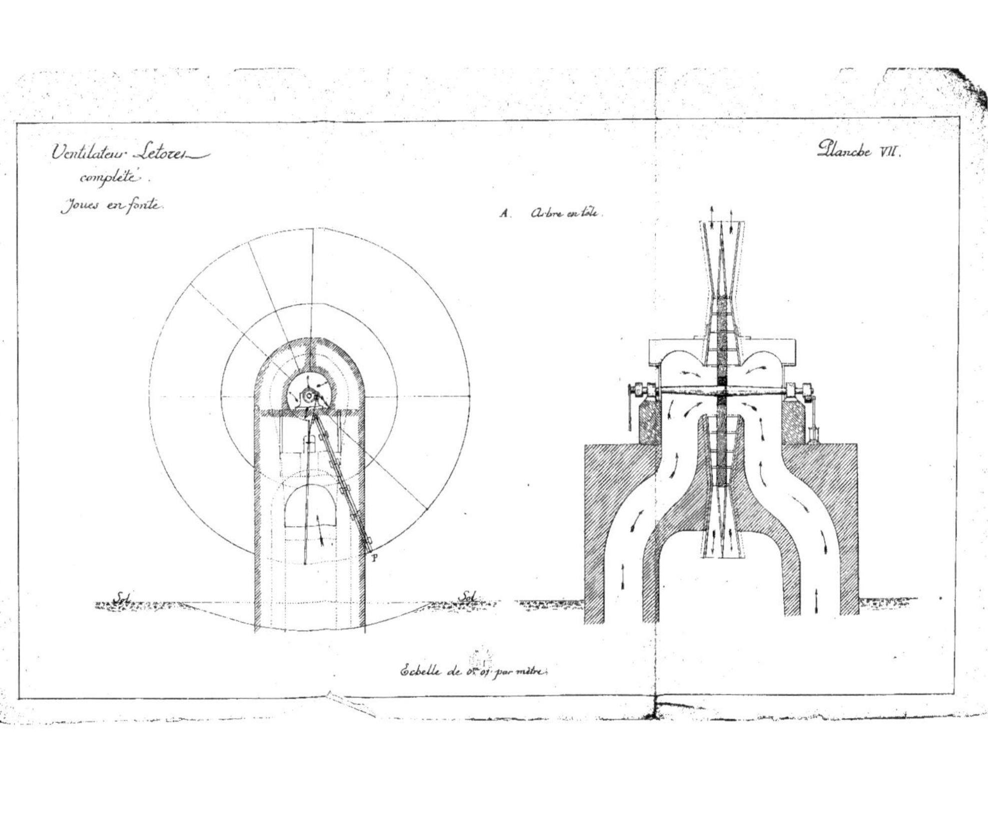
Ventilateur Letoret
complété.
Joues en fonte.
Planche VII.
A. Arbre en tôle.
P
Sol
Sol
Echelle de 0m 01 par mètre.

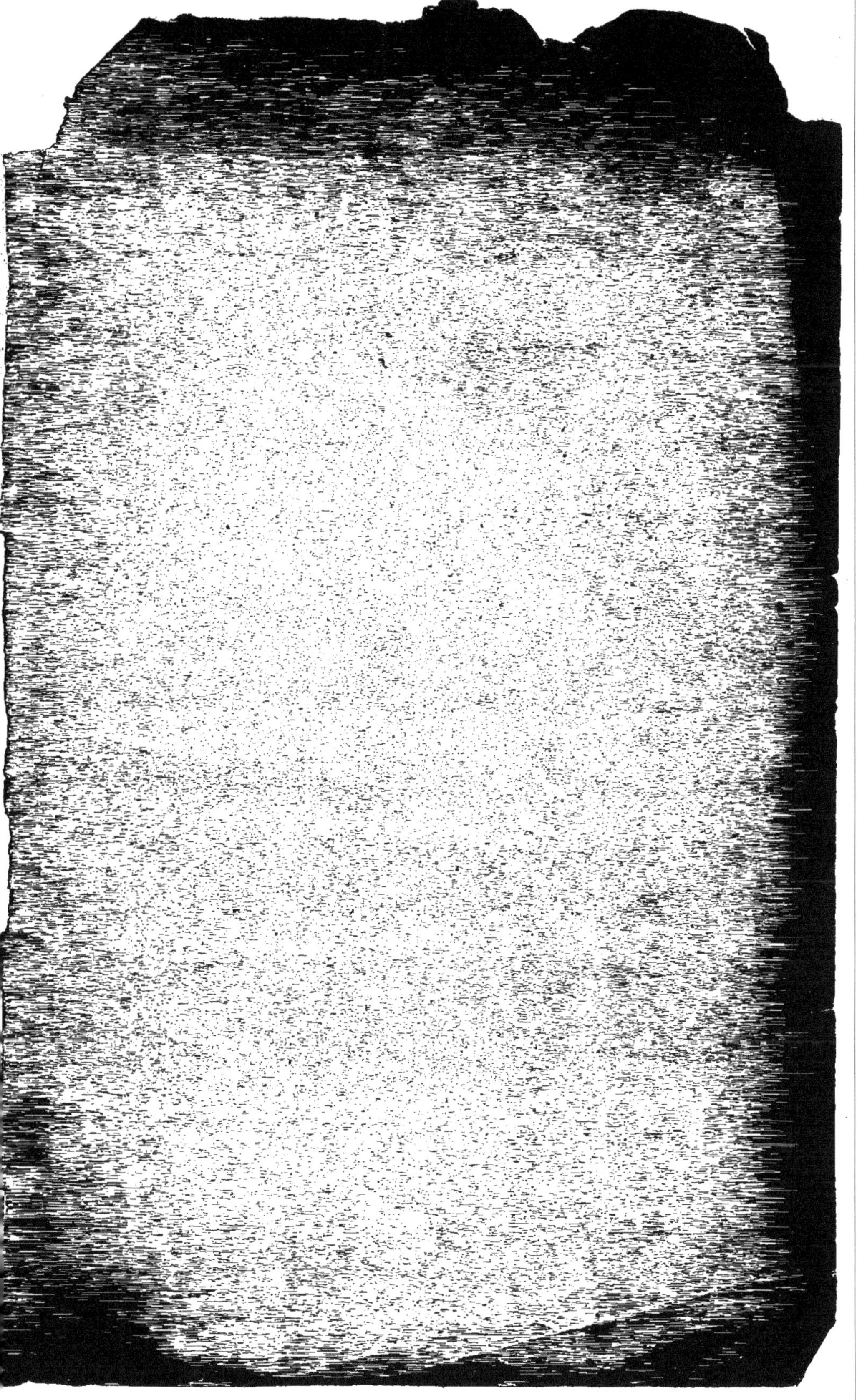

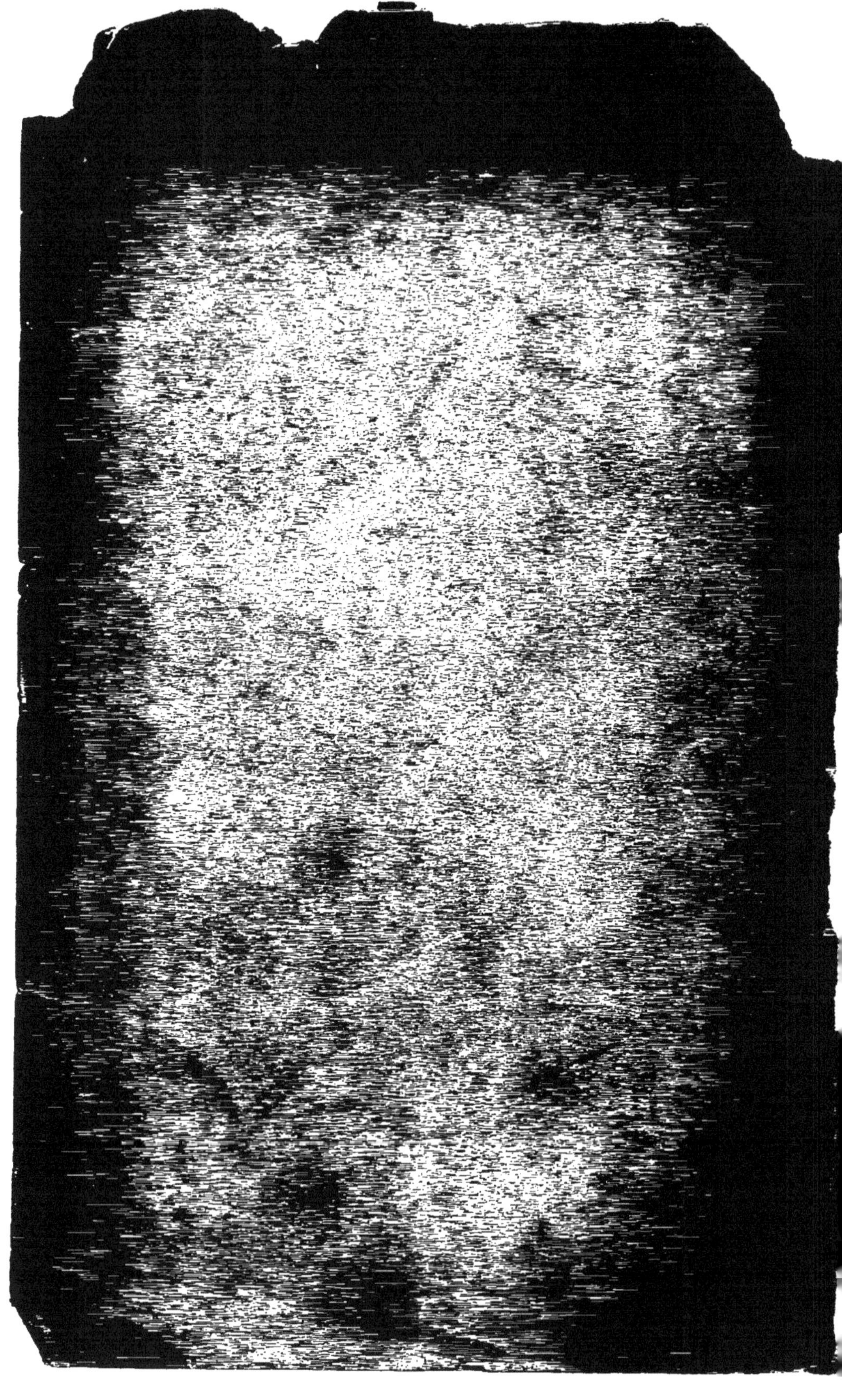

www.ingramcontent.com/pod-product-compliance
Ingram Content Group UK Ltd.
Pitfield, Milton Keynes, MK11 3LW, UK
UKHW021016200726
13857UKWH00004B/1476